Secrets of Numbers

GRZEGORZ   HOPPE

October 2018

Copyright © 2018 Grzegorz Hoppe

www.grzegorzhoppe.com

All rights reserved.

ISBN-13: 978-1727695762

ISBN-10: 1727695763

FOR MY DOUGHTER NICOLE

for her brilliant ideas

Theory of Numbers

The presented Number Theory is based on the basic theorem of arithmetic, that any number that is not a prime number can be represented by the product of prime numbers. The most important assumption of the theory is the division of all natural numbers into the original and separable subsets, according to the divisibility of numbers.

On the basis of defined algebraic forms of all numbers, solutions of the most important, open problems of modern arithmetic were indicated.

I suggest to imagine the division of all natural numbers into separable sets, as follows:

- Numbers divisible by the number 2, without Number {2}; it is set N2;
- Integer numbers by the number 2, but divisible by the number 3, without number {3}; it is set N3;
- Integer numbers by the number 2 and number 3, but divisible by the number 5, without number {5}; it is set N5;
- Integer numbers by number 2, number 3 and number 5, but divisible by number 7, without number {7}; it is set N7;
- Numbers indivisible by any of the numbers: 2, 3, 5, 7 - is a set of all primes, greater than the number 7 and their all existing products plus Number {1}; it is set (Pu ∪ (Pu x Pu));
- Set of Primary Dividers: {2, 3, 5, 7}.

The Natural Numbers

Assumption:

P – set of Prime Numbers

P = {2, 3, 5, 7, 11, 13, 17, 19, 23,......................}

N – set of Natural Numbers

N = { 1, 2, 3, 4, 5, 6, 7, 8, 9,...............}

N = {a: a = $2^n*3^m*5^s*7^t*p_u*p_i$; n, m, s, t € (N ∪ {0}); p_u € Pu; p_i € (Pu x Pu)}

Definitions:

Pu = P – {2, 3, 5, 7} ∪ {1}

Pu = {1, 11, 13, 17, 19,............}

(Pu x Pu) = {p_i : p_i= ($p_u*p_u'*p_u''$); p_u, p_u' € (Pu – {1}); p_u'' = $p_{u1}*p_{u2}*....*p_{un}$; $p_{u1},...,p_{un}$ € Pu; n € N)}

(Pu x Pu) = {1, (11*11), (11*13), (11*17), (11*19),......, (11*13*17),...........}

N2 = {a: a = $2*2^n*3^m*5^s*7^t*p_u*p_i$; n, m, s, t € (N ∪ {0}); p_u € Pu; p_i € (Pu x Pu)} – {2}

N2 = { 4, 6, 8, 10, 12, 14, 16,..............}

N3 = {a: a = $3*3^m*5^s*7^t*p_u*p_i$; m, s, t € (N ∪ {0}); p_u € Pu; p_i € (Pu x Pu))} – {3}

N3 = { 9, 15, 21, 27,...................}

N5 = {a: a = $5*5^s*7^t*p_u*p_i$; s, t € (N ∪ {0}); p_u € Pu; p_i € (Pu x Pu))} – {5}

N5 = { **25**, 35, 55, 65,...................}

N7 = {a: a = 7*7^t*p$_u$*p$_i$; t € (N υ {0}); p$_u$ € Pu; p$_i$ € (Pu x Pu)} – {7}

N7= { **49**, 77, 91, 119,...................}

N2 = (N – N2) = {a: a = 3^m*5^s*7^t*p$_u$*p$_i$; m, s, t € (N υ {0}); p$_u$ € Pu; p$_i$ € (Pu x Pu)}

N3 = (N – N3) = {a: a = 2^n*5^s*7^t*p$_u$*p$_i$; n, s, t € (N υ {0}); p$_u$ € Pu; p$_i$ € (Pu x Pu)}

N5 = (N – N5) = {a: a = 2^n*3^m*7^t*p$_u$*p$_i$; n, m, t € (N υ {0}); p$_u$ € Pu; p$_i$ € (Pu x Pu)}

N7 = (N – N7) = {a: a = 2^n*3^m*5^s*p$_u$*p$_i$; n, m, s € (N υ {0}); p$_u$ € Pu; p$_i$ € (Pu x Pu)}

$$(P_u \cap (P_u \, x \, P_u)) = \{1\}$$

$$(N\underline{2} \cap N\underline{3} \cap N\underline{5} \cap N\underline{7}) = (PU \cup (PU \, X \, PU))$$

$$(\{2, 3, 5, 7\} \cap N2 \cap N3 \cap N5 \cap N7) = \emptyset$$

$$(\{2, 3, 5, 7\} \cap N2 \cap N3 \cap N5 \cap N7 \cap PU \cap (PU \, X \, PU)) = \emptyset$$

$$N = (\{2, 3, 5, 7\} \cup N2 \cup N3 \cup N5 \cup N7 \cup P_u \cup (P_u \, x \, P_u))$$

Primary Sets of Natural Numbers:

N'	Origin numbers of set	Set	Algebraic form of numbers	Comment
N$\underline{7}$	7	N7	$7*7^t*p_u*p_i$	$\forall n, m, s, t \in (N \cup \{0\})$; $\forall p_u \in Pu$; $\forall p_i \in (Pu \times Pu)$
N$\underline{5}$	5	N5	$5*5^s*7^t*p_u*p_i$	
N$\underline{3}$	3	N3	$3*3^m*5^s*7^t*p_u*p_i$	
N$\underline{2}$	2	N2	$2*2^n*3^m*5^s*7^t*p_u*p_i$	
	0, 1	N	$2^n*3^m*5^s*7^t*p_u*p_i$	
N2 ∪ N3 ∪ N5 ∪ N7 ∪ {2, 3, 5, 7}	11	(Pu ∪ (Pu × Pu))	$6*(2^n*3^m*7^t*p_u*p_i + 1) - 1$; $2^n*3^m*7^t*p_u*p_i + 11$ where: $2^n*3^m*7^t*p_u*p_i \neq 7k + 5$; $k \in N$	$n, m, t \in (N \cup \{0\})$ $p_u \in Pu$; $p_i \in (Pu \times Pu)$
	13		$6*(2^n*3^m*5^s*p_u*p_i + 1) + 1$; $2^n*3^m*7^t*p_u*p_i + 13$ where: $2^n*3^m*5^s*p_u*p_i \neq 5k + 3$; $k \in (N \cup \{0\})$	$n, m, s \in (N \cup \{0\})$ $p_u \in Pu$; $p_i \in (Pu \times Pu)$

Distribution of natural Numbers:

Set	Algebraic form of numbers	Restrictions	Representation (Distribution) of numbers from Primary Sets in a set of Natural Numbers
N2	$2n + 2$ $(2N + \{2\})$	$\forall n \in N$	$\frac{105}{210}$
N3	$6n + 3$ $(6N + \{3\})$	$\forall n \in N$	$\frac{35}{210}$
N5	$10n + 15$ $(10N + \{15\})$	$n \neq 3k$; $k \in N$	$\frac{14}{210}$
N7	$14n + 35$ $(14N + \{35\})$	$(n \neq 5k$ and $n \neq 6k + 2)$; $k \in (N \cup \{0\})$	$\frac{10}{210}$
(Pu ∪ (Pu × Pu))	$6n + 5$ $(6N + \{5\})$	$(n \neq 5k$ and $n \neq 7k + 5)$; $k \in N$	$\frac{23}{210}$
	$6n + 7$ $(6N + \{7\})$	$(n \neq 7k$ and $n \neq 5k + 3)$; $k \in (N \cup \{0\})$	$\frac{23}{210}$

The property of Primary Sets of natural Numbers:

The algebraic sum of sets:	The sets of sum of two numbers from Primary Sets:
N2 + N2	$(2a + 2 + 2b + 2) = (2a + 4; 2b + 4)$: a, b $\in$ N $\{2\} \times N2 = (N2 - \{4, 6\})$
N2 + N3	$(2a + 2 + 6b + 3) = (2a + 5; 6b + 5)$: a, b $\in$ N $(N3 - \{9\}) \cup N5 \cup N7 \cup (Pu \cup (Pu \times Pu) - \{1, 11\})$
N2 + N5	$2a + 2 + 10b + 15 = (2a + 17; 10b + 17)$: a, b $\in$ N; b $\neq$ 3k $(N3 - \{9, 15, 21\}) \cup N5 \cup N7 \cup (Pu \cup (Pu \times Pu) - \{11, 13, 17, 19\})$
N2 + N7	$2a + 2 + 14b + 35 = (2a + 37; 14b + 37)$: a, b $\in$ N; b $\neq$ 5k and b $\neq$ 6k +2 $(N3 - \{9,...,51\}) \cup (N5 - \{25, 35\}) \cup N7 \cup (Pu \cup (Pu \times Pu) - \{11, 13, 17, 19, 23, 29, 31, 37\})$
N3 + N3	$(6a + 3 + 6b + 3) = (6a + 6; 6b + 6)$: a, b $\in$ N $\{2^n\} \cup (\{2^n\} \times N3)$
N5 + N5	$10a + 15 + 10b + 15 = (10a + 30; 10b + 30)$: a, b $\in$ N; a, b $\neq$ 3k $(\{2^n\} \times N5)$
N7 + N7	$14a + 35 + 14b + 35 = (14a + 70; 14b + 70)$: a, b $\in$ N; a, b $\neq$ 5k and: a, b $\neq$ 6k +2 $(\{2^n\} \times N7)$
N3 + N5	$6a + 3 + 10b + 15 = (6a + 18; 10b + 18)$: a, b $\in$ N; b $\neq$ 3k $(\{2^n\} \times N3) \cup (\{2^n\} \times N7) \cup (\{2^n * 3^m\} \times (Pu \cup (Pu \times Pu)) \cup (\{2^n\} \times (Pu \cup (Pu \times Pu))) \cup \{2^n * 3^m\}$

N5 + N7	$10a + 15 + 14b + 35 = (10a + 50 ; 14b + 50)$: $a, b \in N$; $a \neq 3k$; $b \neq 5k$ and $b \neq 6k + 2$ $(\{2^n\} \times N3) \cup (\{2^n\} \times N5) \cup (\{2^n\} \times N7) \cup \{2^n \ast 3^m\}$
P + P	$N2 \cup (\{2\} + P) - \{4\}$
(Pu ∪ (Pu × Pu)) + (Pu ∪ (Pu × Pu))	$\{2^n\} \cup (\{2^n\} \times Pu) \cup (\{2^n \ast 3^m\} \times Pu) \cup$ $\cup ((Pu \times Pu) + (Pu \times Pu)) \cup (Pu + (Pu \times Pu))$
((Pu × Pu) + (Pu × Pu)) ∪ (Pu + (Pu × Pu))	$(\{3, 5, 7\} + Pu) \cup (Pu + Pu)$
Pu + Pu	$\{2^n\} \cup (\{2^n\} \times Pu) \cup (\{2^n \ast 3^m\} \times Pu)$

Any Natural Number $n \in N$ is represented by his Set Represented Number:

Primary Sets	Set Represented Number:
N	{1}
N2	{2}
N3	{3}
N5	{5}
N7	{7}

(Pu ∪ (Pu x Pu))$_{(5 + 6n)}$	{1, 11, 121}
(Pu ∪ (Pu x Pu))$_{(7 + 6m)}$	{1, 13, 169}
(Pu ∪ (Pu x Pu))	{1, 11, 13, 121, 143, 169}
Pu$_{(5 + 6n)}$	{1, 11}
Pu$_{(7 + 6n)}$	{1, 13}
Pu	{1, 11, 13}
(Pu x Pu)$_{(5 + 6n)}$	{1, 121}
(Pu x Pu)$_{(7 + 6n)}$	{1, 169}
(Pu x Pu)	{1, 121, 143, 169}
Secondary Sets: $\forall a \in (N2 \cup N3 \cup N5 \cup N7)$ **Algebraic form of Numbers:** $n, m, s, t \in N$:	**Set Represented Number:**
$a = 2^n * p_u * p_i$	{4} = {2*2}
$a = 3^m * p_u * p_i$	{9} = {3*3}
$a = 5^s * p_u * p_i$	{25} = {5*5}
$a = 7^t * p_u * p_i$	{49} = {7*7}

$a = 2^n * 3^m * p_u * p_i$	$\{6\} = \{2*3\}$
$a = 2^n * 5^s * p_u * p_i$	$\{10\} = \{2*5\}$
$a = 2^n * 7^t * p_u * p_i$	$\{14\} = \{2*7\}$
$a = 3^m * 5^s * p_u * p_i$	$\{15\} = \{3*5\}$
$a = 3^m * 7^t * p_u * p_i$	$\{21\} = \{3*7\}$
$a = 5^s * 7^t * p_u * p_i$	$\{35\} = \{5*7\}$
$a = 2^n * 3^m * 5^s * p_u * p_i$	$\{30\} = \{2*3*5\}$
$a = 2^n * 3^m * 7^t * p_u * p_i$	$\{42\} = \{2*3*7\}$
$a = 2^n * 5^s * 7^t * p_u * p_i$	$\{70\} = \{2*5*7\}$
$a = 3^m * 5^s * 7^t * p_u * p_i$	$\{105\} = \{3*5*7\}$
$a = 2^n * 3^m * 5^s * 7^t * p_u * p_i$	$\{210\} = \{2*3*5*7\}$

Each Set Represented Number can be used as an Representative Number from this Set.

Example:

$\{14\} * \{21\} = \{42\} : (2^n * 7^t * p_u * p_i) * (3^m * 7^t * p_u * p_i) = (2^n * 3^m * 7^t * p_u * p_i)$

$\{42\}$ – is the best representative: $(14*21) = 294 = (2*3*7)*7$

The nature of Natural Numbers:

There are Origin Numbers:

1, 2, 3, 5, 7

Any Natural Number is represented by his Primary Set and there Represented Set Number

There are Sets of Natural Numbers:

$$N = (\{1\} \times N)$$

$$(\{2\} \times N) = \{N2 - \{2\}\}$$

$$(\{3\} \times N) = \{(N\underline{2} \cap N\underline{5} \cap N\underline{7}) - \{1\}\}$$

$$(\{3\} \times N) + \{1\}) = N3$$

$$(\{5\} \times N) = \{(N\underline{2} \cap N\underline{3} \cap N\underline{7}) - \{1\}\}$$

$$(\{5\} \times N) + \{1\}) = N5$$

$$(\{7\} \times N) = \{(N\underline{2} \cap N\underline{3} \cap N\underline{5}) - \{1\}\}$$

$$(\{7\} \times N) + \{1\}) = N7$$

$$N2 = ((\{2\} \times N) + \{2\})$$

$$N3 = ((\{6\} \times N) + \{3\}) = (\{2\}*[(\{3\} \times N) + \{1\}])$$

$$N5 = ((\{2*5\} \times N\underline{3}) + (\{3*5\})) = (\{5\}*[(\{2\} \times N\underline{3}) + \{3\}])$$

$$N7 = ((\{2*7\} \times (N\underline{5} \cap N2 \cap N\underline{3}) - \{2\})) + (\{5*7\})) =$$

$$= ((\{14\} \times (N\underline{5} \cap N2 \cap N\underline{3}) - \{2\})) + (\{35\})) =$$

$$= (\{14\} \times (N\underline{5} \cap N2 \cap N\underline{3}) + (\{7\}) =$$

$$= (\{7\}*((\{2\}*(N\underline{5} \cap N2 \cap N\underline{3}) + \{1\})$$

$$Pu = (\{1\} \times Pu)$$

$$(Pu \times Pu) = (\{1\} \times (Pu \times Pu))$$

$$(Pu \cup (Pu \times Pu)) = (\{1\} \times (Pu \cup (Pu \times Pu)))$$

$$P = (\{1\} \times \{\{2, 3, 5, 7\} \cup Pu\})$$

$$(\{1\} \times (Pu \cup (Pu \times Pu))) =$$

$$= ((\{2*3\} \times (N\underline{5} \cap ((\{7\} \times N) \pm \{3\})) + \{5\}) \cup ((\{2*3\} \times (N\underline{7} \cap ((\{5\} \times N) \pm \{1\})) + \{7\}) =$$

$$(\{2*3\} \times (\{(N\underline{2} \cap N\underline{3} \cap N\underline{5}) - \{1\}\} \pm \{3\}) + \{5\}) \cup ((\{2*3\} \times (\{(N\underline{2} \cap N\underline{3} \cap N\underline{7}) - \{1\}\} \pm \{1\})) + \{7\}) =$$

$$(\{2*3\} \times (\{(N\underline{2} \cap N\underline{3} \cap N\underline{5}) - \{1\}\} + \{-13, 23\}) \cup ((\{2*3\} \times (\{(N\underline{2} \cap N\underline{3} \cap N\underline{7}) - \{1\}\} + \{1, 13\}) =$$

$$= ((\{2*3\} \times N7) + \{-19, 17\}\}) \cup ((\{2*3\} \times N5) + \{-5, 7\}\})$$

Numbers:

Origin Number:

$\{1\}$

Origin (Primary) Dividers:

$\{2\}$, $\{3\}$, $\{5\}$, $\{7\}$, $(\{2*3\} + 5)$, $(\{2*3\} + 7)$

Sets Representative Numbers:

Primary Sets

$N = \{1\}$, $N2 = \{2\}$, $N3 = \{3\}$, $N5 = \{5\}$, $N7 = \{7\}$, $(Pu \cup (Pu \times Pu)) = \{1, 11\}; \{1, 13\}$

Secondary Sets:

$\{2*2\}$, $\{3*3\}$, $\{5*5\}$, $\{7*7\}$, $\{2*3\}$, $\{2*5\}$, $\{2*7\}$, $\{3*5\}$, $\{3*7\}$, $\{5*7\}$,

$\{2*3*5\}$, $\{2*3*7\}$, $\{2*5*7\}$, $\{3*5*7\}$,

$\{2*3*5*7\}$

The property of set (Pu ∪ (Pu x Pu)):

Definition:

B – set of all *n, m* ; where n, m are the numbers in algebraic form: $(5 + 6n)$ or $(7 + 6m)$, from all $p_i \in ((P_u \times P_u) - \{1\})$;

$$B = B_{(5+6N)} \cup B_{(7+6M)}$$

where $B_{(5+6n)}$ – set of all n from $p_i = (5 + 6n)$, and $B_{(7+6m)}$ – set of all m from $p_i = (7 + 6m)$

Definition:

C – set of all *n', m'* ; where n', m' are the numbers in algebraic form: $(5 + 6n)$ or $(7 + 6m)$, from all $p_u \in (P_u - \{1\})$;

$$C = C_{(5+6N')} \cup C_{(7+6M')}$$

where: $C_{(5+6n')}$ – set of all n' from $p_u = (5 + 6n')$; $C_{(7+6m')}$ – set of all m' from $p_u = (7 + 6m')$

$$B_{(5+6n)} \cap C_{(5+6n')} = \emptyset$$

$$B_{(7+6m)} \cap C_{(7+6m')} = \emptyset$$

$$B_{(5+6n)} \cap C_{(7+6m')} \neq \emptyset$$

$$B_{(7+6m)} \cap C_{(5+6n')} \neq \emptyset$$

THEOREM 1

$\forall n \in B_{(5+6n)}$; $\forall m \in B_{(7+6m)}$: $(n + m) \in C$

Proof:

Let:

- $p_u = (6n' + 5)$ or $p_u = (6n' + 7)$ and
- $p_u' = (6m' + 5)$ or $p_u' = (6m' + 5)$; n', m' $\in$ C;

then:

$\forall p_u, p_u' \in (P_u - \{1\})$: $p_u * p_u' = p_i$; $p_i \in (P_u \times P_u)$;

- $p_i = (6n' + 5)(6m' + 5) = 36n'm' + 30m' + 30n' + 25 = 6*(6n'm' + 5(m' + n') + 3) + 7$

- or $p_i = (6n' + 5)(6m' + 7) = 36n'm' + 30m' + 42n' + 35 = 6*(6n'm' + 5m' + 7n' + 5) + 5$
- or $p_i = (6n' + 7)(6m' + 7) = 36n'm' + 42m' + 42n' + 49 = 6*(6n'm' + 7(m' + n') + 7) + 7$

where: n', m' € **C,**

then:

∀n € B$_{(5 + 6n)}$:

$n = (6ab + 5b + 7a + 5)$; if a € (B$_{(5 + 6n)}$ ∪ C$_{(5 + 6n')}$); then b € (B$_{(7 + 6m)}$ ∪ C$_{(7 + 6m')}$) and if a € (B$_{(7 + 6n)}$ ∪ C$_{(7 + 6n')}$); then b € (B$_{(5 + 6m)}$ ∪ C$_{(5 + 6m')}$)

∀m € B$_{(7 + 6n)}$:

$m = (6ab + 5(a + b) + 3)$; a, b € (C$_{(5 + 6n')}$ ∪ B$_{(5 + 6n)}$)

or $m = (6ab + 7(a + b) + 7)$; a, b € (C$_{(7 + 6m')}$ ∪ B$_{(7 + 6m)}$)

Sum of (n + m) =

$= (6ab + 5b + 7a + 5) + (6a'b' + 5(a' + b') + 3) = 6(ab + a'b') + 5(b + a' + b' + 1) + 7a + 3$

or $= (6ab + 5b + 7a + 5) + (6a'b' + 7(a' + b') + 7) = 6(ab + a'b') + 7(a + a' + b' + 1) + 5b + 5$

Because:

don't exist: c, d, z w € N : $5c = 5d + 7$ and $7z = 7w + 5$

and:

∀a, b, a', b ', l, k € N: (n + m) =

1) $6(ab + a'b') + 5(b + a' + b' + 1) + 7a ≠ 5l$
2) or/and $6(ab + a'b') + 7(a + a' + b' + 1) + 5b ≠ 7k$;

because : ∀w, l, k € N: $18w ≠ 5l$ or/and $18w ≠ 7k$

then : (n + m) = n' or/and m' € **C**

∀n € B$_{(5 + 6n)}$; ∀m € B$_{(7 + 6m)}$: (n + m) € C

$(p_{i(5 + 6n)} + p'_{i(7 + 6m)}) = 6(n + m) + 12 = ([6(n + m) + 5] + 7) = ([6(n + m) + 7] + 5)$

Algebraic form of Numbers from set (Pu ∪ (Pu x Pu)):

$\forall p_u \in (Pu - \{1\}); \forall n', m' \in C:$

> $p_u = 5 + 6n'$; $n' \in N\underline{5}$ and $n' \neq (7k + 5)$, $k \in N$,
> or $p_u = 7 + 6m'$; $m' \in N\underline{7}$ and $m' \neq (5l + 3)$, $l \in (N \cup \{0\})$

$p_u = 5 + 6*2^n*3^m*7^t*p_u*p_i = (6*2^n*3^m*7^t*p_u*p_i + 6) - 1 = (2^n*3^m*7^t*p_u*p_i + 11)$

$$p_u = 6*(2^n*3^m*7^t*p_u*p_i + 1) - 1$$

$$p_u = 2^n*3^m*7^t*p_u*p_i + 11$$

where: $(2^n*3^m*7^t*p_u*p_i) \neq (7k + 5)$

$p_u = 7 + 6*2^n*3^m*5^s*p_u*p_i = (6*2^n*3^m*5^s*p_u*p_i + 6) + 1 = 2^n*3^m*5^s*p_u*p_i + 13$

$$p_u = 6*(2^n*3^m*5^s*p_u*p_i + 1) + 1$$

$$p_u = 2^n*3^m*5^s*p_u*p_i + 13$$

where: $2^n*3^m*5^s*p_u*p_i \neq (5l + 3)$

for: $n, m, l, s, t \in (N \cup \{0\})$; $k \in N$, $p_u \in Pu$, $p_i \in (Pu \times Pu)$

$\forall p_i \in ((Pu \times Pu) - \{1\}); \forall n, m \in B:$

> $p_i = 5 + 6n$; $n \in N\underline{5}$ and $n \neq (7k + 5)$, $k \in N$,
> or $p_i = 7 + 6m$; $m \in N\underline{7}$ and $m \neq (5l + 3)$, $l \in (N \cup \{0\})$

$$p_i = 6*(2^n*3^m*7^t*p_u*p_i + 1) - 1$$

$$p_i = 2^n*3^m*7^t*p_u*p_i + 11$$

where: $(2^n*3^m*7^t*p_u*p_i) \neq (7k + 5)$

$$p_i = 6*(2^n*3^m*5^s*p_u*p_i + 1) + 1$$

$$p_i = 2^n*3^m*5^s*p_u*p_i + 13$$

where: $(2^n*3^m*5^s*p_u*p_i) \neq (5l + 3)$

for: $n, m, l, s, t \in (N \cup \{0\})$; $k \in N$, $p_u \in Pu$, $p_i \in (Pu \times Pu)$

The Numbers of set $(P_u \cup (P_u \times P_u))$:

Set:	$P_u \cup (P_u \times P_u)$	
Algebraic form of series:	$5 + 6n$ $(6N + \{5\})$	$7 + 6m$ $(6N + \{7\})$
Origin Number of series:	11	13
$\forall\ P_U, P_I \in$ $(P_U \cup (P_U \times P_U)) - \{1\})$ $P_U, P_I:$	$6*(2^n*3^m*7^t*p_u*p_i + 1) - 1$ $2^n*3^m*7^t*p_u*p_i + 11$ where: $(2^n*3^m*7^t*p_u*p_i) \neq 7k + 5;$ $k \in N$ and: $n, m, t \in (N \cup \{0\});$ $p_u \in P_u; p_i \in (P_u \times P_u)$ beacuse: $(2^n*3^m*7^t*p_u*p_i) \neq 7k + 5,$ for $k \in N$ then: $(2^n*3^m*7^t*p_u*p_i) = 7K + \{1, 2, 3, 4, 6\}$ $k \in N$ $6*(2^n*3^m*7^t*p_u*p_i + 1) - 1 =$ $= 6*(7N + \{2, 3, 4, 5, 7\}) - \{1\}$ $2^n*3^m*7^t*p_u*p_i + 11 =$ $= (7N + \{2, 3, 4, 5, 7\}) + \{11\}$	$6*(2^{n'}*3^{m'}*5^{s'}*p_u*p_i + 1) + 1$ $2^{n'}*3^{m'}*5^{s'}*p_u*p_i + 13$ where: $(2^{n'}*3^{m'}*5^{s'}*p_u*p_i) \neq 5k + 3;$ $k \in (N \cup \{0\})$ and: $n', m', s \in (N \cup \{0\});$ $p_u \in P_u; p_i \in (P_u \times P_u)$ beacuse: $(2^{n'}*3^{m'}*5^{s'}*p_u*p_i) \neq 5k + 3$ for $k \in (N \cup \{0\})$ then: $(2^{n'}*3^{m'}*5^{s'}*p_u*p_i) = 5K + \{1, 2, 4\}$ $k \in (N \cup \{0\})$ $6*(2^{n'}*3^{m'}*7^{t'}*p_u*p_i + 1) + 1 =$ $= 6*((5N \cup \{0\}) + \{2, 3, 5\}) + \{1\}$ $2^{n'}*3^{m'}*7^{t'}*p_u*p_i + 13 =$ $= ((5N \cup \{0\}) + \{2, 3, 5\}) + \{13\}$

Algebraic form of: $n, m \in$ $(B_{(5+6n)} \cup \in B_{(7+6m)})$ (p_i) $\forall P_i \in ((PU \times PU) - \{1\})$	$n = 6ab + 5b + 7a + 5$ if: $a \in (B(5+6n) \cup C(5+6n'))$ then: $b \in (B(7+6m) \cup C(7+6m'))$ and if: $a \in (B(7+6n) \cup C(7+6n'))$ then: $b \in (B(5+6m) \cup C(5+6m'))$	$m = 6ab + 5(a+b) + 3$ $a, b \in (C(5+6n') \cup B(5+6n))$ or $m = 6ab + 7(a+b) + 7$ $a, b \in (C(7+6m') \cup B(7+6m))$
Algebraic form of: $n, m \in$ $(B_{(5+6n)} \cup \in B_{(7+6m)})$ from product of two p_i numbers: $(p_i * p_i')$ $P_I, P_I' \in$ $(PU \cup (PU \times PU) - \{1\})$	$n = 6(ab + a'b') + 5(b + b' + 2) + 7(a + a')$ $a, b, a', b' \in B$	$m = 6(ab + a'b' + 1) + 5(a + b + a' + b')$ or $m = 6(ab + a'b') + 7(a + b + a' + b' + 2)$ or $m = 6(ab + a'b') + 5(a + b + 2) + 7(a' + b')$ $a, b, a', b' \in B$
	$n, m = 6(ab + a'b') + 5(b + a' + b') + 7a + 8$ or $n, m = 6(ab + a'b' + 2) + 5b + 7(a + a' + b')$ $a, b, a', b' \in B$	
Algebraic form of sum of two p_u or p_i numbers: $\{(p_i + p_i')\}$ $\cup$ $\{(p_u + p_i)\}$ $\cup$ $\{(p_u + p'_u)\}$ $P_I, P_I', P_U, P'_U \in$ $(PU \cup (PU \times PU) - \{1\})$	$6*(2^n*3^m*7^t*p_u*p_i + 1) - 2 =$ $= (6*2^n*3^m*7^t*p_u*p_i + 4) =$ $= 2*2(6*2^n*3^m*7^t*p_u*p_i + 1) =$ $= \{2^2\} \times (6N\underline{5} + \{1\}) =$ $= \{2^2*3\} \times N2$ $2*(2^n*3^m*7^t*p_u*p_i + 11) =$ $= \{2\} \times (PU \cup (PU \times PU))$	$6*(2^{n'}*3^{m'}*5^{s'}*p_u*p_i + 1) + 2 =$ $= 6*2^{n'}*3^{m'}*5^{s'}*p_u*p_i + 8 =$ $= 2^3(6*2^{n'}*3^{m'}*5^{s'}*p_u*p_i + 1) =$ $= \{2^3\} \times (6N\underline{7} + \{1\}) =$ $= \{2^3*3\} \times N2$ $2*(2^{n'}*3^{m'}*5^{s'}*p_u*p_i + 13) =$ $= \{2\} \times (PU \cup (PU \times PU))$

$$(6*2^n*3^m*7^t*p_u*p_i + 2^n*3^m*7^t*p_u*p_i) + 16 =$$
$$= 2^4(3*2^{n-3}*3^m*7^t*p_u*p_i + 2^{n-4}*3^m*7^t*p_u*p_i + 1) =$$
$$= \{2^4\} \times (3N\underline{5} + N\underline{5} + \{1\}) =$$
$$= \{2^4\} \times (2N\underline{5} + \{1\}) =$$
$$= \{2^4\} \times N2$$

where: $(2^n*3^m*7^t*p_u*p_i) \neq 7k + 5$;
$k \in N$
and: $n, m, t \in (N \cup \{0\})$;
$p_u \in Pu$; $p_i \in (Pu \times Pu)$

$(2^n*3^m*7^t*p_u*p_i) \neq 7k + 5$:

$$(6*2^{n'}*3^{m'}*5^{s'}*p_u*p_i + 2^{n'}*3^{m'}*5^{s'}*p_u*p_i) + 20 =$$
$$= 20(3*2^{n'-1}*3^{m'}*5^{s'-1}*p_u*p_i + 2^{n'-2}*3^{m'}*5^{s'-1}*p_u*p_i + 1) =$$
$$= \{2^2*5\} \times (2N\underline{7} + \{1\}) =$$
$$= \{2^2*5\} \times N2$$

where: $(2^{n'}*3^{m'}*5^{s'}*p_u*p_i) \neq 5k + 3$;
$k \in (N \cup \{0\})$
and: $n', m', s' \in (N \cup \{0\})$;
$p_u \in Pu$; $p_i \in (Pu \times Pu)$

$(2^{n'}*3^{m'}*5^{s'}*p_u*p_i) \neq 5k + 3$

$$6*(2^n*3^m*5^s*p_u*p_i + 2^{n'}*3^{m'}*7^{t'}*p_u*p_i + 2) =$$
$$= 12(N\underline{7} + N\underline{5} + \{1\}) = 12N =$$
$$= 6N2 = \{2*3\} \times N2$$

$$(2^n*3^m*5^s*p_u*p_i + 2^{n'}*3^{m'}*7^{t'}*p_u*p_i) + 24 =$$
$$= 24(N\underline{7} + N\underline{5} + \{1\}) = 24N =$$
$$= 12N2 = \{2^2*3\} \times N2$$

$$(6*2^n*3^m*7^t*p_u*p_i + 2^{n'}*3^{m'}*5^{s'}*p_u*p_i) + 18 =$$
$$= 18(6N\underline{5} + N\underline{7} + \{1\}) = 18(6N\underline{5} + N) = 18N =$$
$$= 6N2 = \{2*3\} \times N2$$

$$(2^n*3^m*5^s*p_u*p_i + 6*2^{n'}*3^{m'}*5^{s'}*p_u*p_i) + 16 =$$
$$= 16(N\underline{7} + 6N\underline{7} + \{1\}) = \{2^4\} \times (N\underline{7} + \{1\}) =$$
$$= \{2^4\} \times N = \{2^3\} \times N2$$

where: $(2^n*3^m*7^t*p_u*p_i) \neq 7k + 5$ and $(2^{n'}*3^{m'}*5^{s'}*p_u*p_i) \neq 5l + 3$
$k \in N$; $l, n, m, t \in (N \cup \{0\})$;
$p_u \in Pu$; $p_i \in (Pu \times Pu)$

$\{(p_i + p_i')\}$ ∪ $\{(p_u + p_i)\}$ ∪ $\{(p_u + p'_u)\}$	$\{2^{\{1, 2, 3\}}*3\}$ X N2 $\{2^{\{3,4\}}\}$ X N2 $\{2^2*5\}$ X N2 $\{2\}$ X (PU ∪ (PU X PU))
Algebraic form of: $(p_i + p_i')/2$ $P_I, P_I' \in$ (PU ∪ (PU X PU) − $\{1\}$)	$3*(2^n*3^m*7^t*p_u*p_i + 1) - 1 =$ $= 3(7N + \{1, 2, 3, 4, 6\} + \{1\}) - \{1\} = 3(7N + \{2, 3, 4, 5, 7\}) - \{1\} =$ $= (21N - \{21\}) - \{1\}) = 20N - \{20\} =$ $= 10N2$ $(2^n*3^m*7^t*p_u*p_i + 11) =$ $= ((7N - \{7\}) + \{11\}) = 6N - \{6, 12, 18\} =$ $= 3N2 - \{12, 18\}$ $(3*2^n*3^m*7^t*p_u*p_i + 2^{n-1}*3^m*7^t*p_u*p_i) + 8 =$ $2^3*((3*2^{n-3}*3^m*7^t*p_u*p_i + 2^{n-4}*3^m*7^t*p_u*p_i) + 1) =$ $= \{2^3\}$ x $((3N\underline{5} + N\underline{5}) + \{1\}) =$ $= \{2^3\}$ X $(2N\underline{5} + \{1\})$ $3*(2^{n'}*3^{m'}*5^{s'}*p_u*p_i + 1) + 1 =$ $= 3(5N + \{2, 3, 5\}) + \{1\} =$ $= (15N - \{15\}) + \{1\}) = 16N - \{16\} =$ $= 8N2$ $(2^{n'}*3^{m'}*5^{s'}*p_u*p_i + 13) = 6(2^{n-1'}*3^{m-1'}*5^{s'}*p_u*p_i + 2) + 1$ $= (5N - \{5\}) + \{13\} = 6N - \{6, 12, 18\} =$ $= 3N2 - \{12, 18\}$ $(3*2^{n'}*3^{m'}*5^{s'}*p_u*p_i + 2^{n'-1}*3^{m'}*5^{s'}*p_u*p_i) + 10 =$ $= 10(3N\underline{7} + N\underline{7} + \{1\}) = 10(3N\underline{7} + N)$

NUMBERS

	$3*(2^n*3^m*5^s*p_u*p_i + 2^{n'}*3^{m'}*7^{t'}*p_u*p_i + 2) =$ $= 3(2N + \{2\}) = 3\underline{N2}$ $(2^{n-1}*3^m*5^s*p_u*p_i + 2^{n'-1}*3^{m'}*7^{t'}*p_u*p_i) + 12 =$ $= 12(N\underline{7} + N\underline{5} + \{1\}) = 12(N + N\underline{5})$ $(3*2^n*3^m*7^t*p_u*p_i + 2^{n'-1}*3^{m'}*5^{s'}*p_u*p_i) + 9 =$ $= 9(3N\underline{5} + N\underline{7} + \{1\}) = 9(N + 3N\underline{5})$ $(2^{n-1}*3^m*5^s*p_u*p_i + 3*2^{n'}*3^{m'}*5^{s'}*p_u*p_i) + 8$ $= 8(N\underline{7} + 3N\underline{5} + \{1\}) = 8(N + 3N\underline{5})$ where: $(2^n*3^m*7^t*p_u*p_i) \neq 7k + 5$ and $(2^{n'}*3^{m'}*5^{s'}*p_u*p_i) \neq 5l + 3$ $k \in N$; $l, n, m, t \in (N \cup \{0\})$; $p_u \in Pu$; $p_i \in (Pu \times Pu)$
$(p_i + p_i')/3$	$(3*(2^n*3^m*7^t*p_u*p_i + 1) - 1) \in N\underline{3}$ $(2^n*3^m*7^t*p_u*p_i + 11) \in (Pu \cup (Pu \times Pu)$ $(3*2^n*3^m*7^t*p_u*p_i + 2^{n-1}*3^m*7^t*p_u*p_i) + 8) \in N\underline{3}$ $(3*2^{n'}*3^{m'}*5^{s'}*p_u*p_i + 4) \in N\underline{3}$ $(2^{n'}*3^{m'}*5^{s'}*p_u*p_i + 13) \in (Pu \cup (Pu \times Pu)$ $(3*(2^{n'}*3^{m'}*5^{s'}*p_u*p_i + 2^{n'-1}*3^{m'-1}*5^{s'}*p_u*p_i) + 10) \in N\underline{3}$ $(2^n*3^m*5^s*p_u*p_i + 2^{n'}*3^{m'}*7^{t'}*p_u*p_i + 2)$ $(2^{n-1}*3^{m-1}*5^s*p_u*p_i + 2^{n'-1}*3^{m'-1}*7^{t'}*p_u*p_i) + 4$ $(2^n*3^m*7^t*p_u*p_i + 2^{n'-1}*3^{m'-1}*5^{s'}*p_u*p_i) + 3$ $(3*(2^{n-1}*3^{m-1}*5^s*p_u*p_i + 2^{n'}*3^{m'}*5^{s'}*p_u*p_i) + 8) \in N\underline{3}$ where: $(2^n*3^m*7^t*p_u*p_i) \neq 7k + 5$ and $(2^{n'}*3^{m'}*5^{s'}*p_u*p_i) \neq 5l + 3$ $k \in N$; $l, n, m, t \in (N \cup \{0\})$; $p_u \in Pu$; $p_i \in (Pu \times Pu)$

Algebraic form of sum of $p \in \{3, 5, 7\}$ and number p_i:	$6*(2^n*3^m*7^t*p_u*p_i + 1) - 1$	$6*(2^{n'}*3^{m'}*5^{s'}*p_u*p_i + 1) + 1$
	$2^n*3^m*7^t*p_u*p_i + 11$	$2^{n'}*3^{m'}*5^{s'}*p_u*p_i + 13$
$(p + p_i)$	$p = \{3, 5, 7\}$	$p = \{3, 5, 7\}$
	$6*2^n*3^m*7^t*p_u*p_i + 8 =$ $= 8(6N\underline{5} + \{1\})$	$6*2^n*3^m*5^s*p_u*p_i + 10 =$ $= 10(6N\underline{7} + \{1\})$
$P \in \{3, 5, 7\}$	$6*2^n*3^m*7^t*p_u*p_i + 10 =$ $= 10(6N\underline{5} + \{1\})$	$6*2^n*3^m*5^s*p_u*p_i + 12 =$ $= 12(6N\underline{7} + \{1\})$
$P_i \in (PU \cup (PU \times PU)) - \{1\}$	$6*2^n*3^m*7^t*p_u*p_i + 12$ $= 12(6N\underline{5} + \{1\})$	$6*2^n*3^m*5^s*p_u*p_i + 14 =$ $= 14(6N\underline{7} + \{1\})$
	$2(6N\underline{5} + \{1\})$	$2(6N\underline{7} + \{1\})$
	$2^n*3^m*7^t*p_u*p_i + 14 =$ $= 14(N\underline{5} + \{1\})$	$2^n*3^m*5^s*p_u*p_i + 16 =$ $= 16(N\underline{7} + \{1\})$
	$2^n*3^m*7^t*p_u*p_i + 16$ $= 16(N\underline{5} + \{1\})$	$2^n*3^m*5^s*p_u*p_i + 18$ $= 18(N\underline{7} + \{1\})$
	$2^n*3^m*7^t*p_u*p_i + 18$ $= 18(N\underline{5} + \{1\})$	$2^n*3^m*5^s*p_u*p_i + 20$ $= 20(N\underline{7} + \{1\})$
	$2(N\underline{5} + \{1\}) -$ $- \{2, 4, 6, 8, 12\}$	$2(N\underline{7} + \{1\}) -$ $- \{2, 4, 6, 8, 10, 12\}$
	where: $(2^n*3^m*7^t*p_u*p_i) \ne 7k + 5;$ $k \in N$ and: $n, m, t \in (N \cup \{0\});$ $p_u \in Pu; p_i \in (Pu \times Pu)$ $(2^n*3^m*5^s*p_u*p_i) = 7N + \{1, 2, 3, 4, 6\}$	where: $(2^n*3^m*5^s*p_u*p_i) \ne 5k + 3;$ $k \in (N \cup \{0\})$ and: $n, m, s \in (N \cup \{0\});$ $p_u \in Pu; p_i \in (Pu \times Pu)$ $(2^n*3^m*5^s*p_u*p_i) = 5N + \{1, 2, 4\}$

$(p + p_i)$ $P \in \{3, 5, 7\}$ $P_i \in (PU \cup (PU \times PU) - \{1\})$	$2(6N\underline{5} + \{1\}) \cup 2(6N\underline{7} + \{1\}) \cup 2(N\underline{5} + \{1\}) \cup 2(N\underline{7} + \{1\}) =$ $= 2(6(N\underline{5} + \{1\}) \cup (N\underline{7} + \{1\})) \cup 2((N\underline{5} + \{1\}) \cup (N\underline{7} + \{1\})) =$
Sum of two prime numbers: $(p + p')$ $P, P' \in P$	From algebraic form of sum of: $(p_i + p_i)$; $((p_i + p_i)/2)$; $(p + p_i)$ $p \in \{3, 5, 7\}$; $p_i \in (Pu \cup (Pu \times Pu)$ we know: $[((PU \cup (PU \times PU)) + (PU \cup \{3, 5, 7\})] = N2 - \{4, 6, 8, 10, 12\}$ Because: $(Pu \cap (Pu \times Pu)) = \{1\}$ Then: $([(PU + \{3, 5, 7\}] \cap [((PU \times PU) + \{3, 5, 7\})]) = \{4, 6, 8\}$ AND: $[(PU + (PU \cup \{3, 5, 7\})] = N2 - \{4, 6, 8, 10, 12\}$ we know also that: $(\{3, 5, 7\} + \{3, 5, 7\}) = \{6, 8, 10, 12, 14\}$ $(\{2\} + \{2\}) = \{4\}$ $(\{2\} + (P - \{2\})) = (P + \{2\}) - \{4\}$ Then: $P + P = N2 \cup (P + \{2\}) - \{4\}$ **GH IS CORRECT (GOLDBACH HYPOTHESES)**

The Numbers of set N2:

	Numbers of set N2
Algebraic form: $a = 2n + 2$ $a \in N2, n \in N$	$2*2^n*3^m*5^s*7^t*p_u*p_i + 2$ $n, m, s, t \in (N \cup \{0\}); p_u \in Pu; p_i \in (Pu \times Pu)$
$\forall a \in N2; \exists b, c \in N:$ $a = b + c$ $a \in N2; b, c \in N$	$2^n*3^m*5^s*7^t*p_u*p_i + 2^{n'}*3^{m'}*5^{s'}*7^{t'}*p_u'*p_i'$ $n, m, s, t, n', m', s', t' \in (N \cup \{0\}); p_u, p_u' \in Pu; p_i, p_i' \in (Pu \times Pu)$
The algebraic form of Set Represented Number: 2	$2^0*3^0*5^0*7^0*1*1 + 2^0*3^0*5^0*7^0*1*1$ $= 2^1*3^0*5^0*7^0*1*1$
The algebraic forms of number: $2n + 2$ **First number of set N2** {4}	$2*(2^0*3^0*5^0*7^0*1*1) + 2^1*3^0*5^0*7^0*1*1$ or $2^1*3^0*5^0*7^0*1*1 + 2^1*3^0*5^0*7^0*1*1$ $= 2^2*3^0*5^0*7^0*1*1$
The algebraic forms of number: $6 = 4 + 2$ **Second number of set N2 and Represented Number:** {6}	$2*(2^1*3^0*5^0*7^0*1*1) + 2^1*3^0*5^0*7^0*1*1$
$\forall a \in N2: a = 2k + 2, k \in N$	$2*(2^n*3^m*5^s*7^t*p_u*p_i) + 2^1*3^0*5^0*7^0*1*1$ because: $a = 2k + 2$; then: $k = (2^n*3^m*5^s*7^t*p_u*p_i) + 1$

for: n, m, s, t = 0

$$k = p_u \cdot p_i + \tfrac{1}{2}$$

for: n, m, s, t = 0 and $p_u = 1$

$$k = p_i + \tfrac{1}{2}$$

for: n, m, s, t = 0 and $p_i = 1$

$$k = p_u + \tfrac{1}{2}$$

for: n, m, s, t = 0 and $p_u, p_i = 1$

$$k = \tfrac{1}{2}$$

then:

for: n, m, s, t = 0 and/or (p_u and/or p_i) = 1

doesn't exist k ∈ N,

RH IS CORRECT (RIEMANN HYPOTHESES)

The Sets of Real Numbers:

Set of Numbers	The algebraic form of numbers
Z - Integers Numbers	$Z = (\{\pm\} + (N \cup \{0\}))$ $$\{\pm\} + 2^n * 3^m * 5^s * 7^t * p_u * p_i$$ $n, m, s, t \in (N \cup \{0\}); \; p_u \in Pu; \; p_i \in (Pu \times Pu)$
Q - Rational Numbers	$Q = \{Z^Z\} / (\{Z^Z\} - \{0\})$ $$\{\pm\} + 2^{n'} * 3^{m'} * 5^{s'} * 7^{t'} * p_u^{a'} * {p_u'}^{b'} * p_i^{c'} * {p_i'}^{d'} * 10^{w'}$$ $a', b', c', d', n', m', s', t', w' \in Z; \; p_u, p_u' \in Pu; \; p_i, p_i' \in (Pu \times Pu)$
Non Quantifiable Numbers	**Non Quantifiable Numbers** $=$ $\{Z^Z\} / (\{Z^Q\} - \{0\})$ $\cup \; \{Z^Q\} / (\{Z^Z\} - \{0\})$ $$\{\pm\} + 2^{n''} * 3^{m''} * 5^{s''} * 7^{t''} * p_u^{a''} * {p_u'}^{b''} * p_i^{c''} * {p_i'}^{d''} * 10^{w''}$$ $a'', b'', c'', d'', n'', m'', s'', t'' \in Q; \; \exists (a'', b'', n'', m'', s'', t'') \in (Q - Z);$ $w'' \in Z; \; p_u, p_u' \in Pu; \; p_i, p_i' \in (Pu \times Pu)$
R - Real Numbers	$R = \{Z^Q\} / (\{Z^Q\} - \{0\})$ $$\{\pm\} + 2^{n''} * 3^{m''} * 5^{s''} * 7^{t''} * p_u^{a''} * {p_u'}^{b''} * p_i^{c''} * {p_i'}^{d''} * 10^{w''}$$ $a'', b'', c'', d'', n'', m'', s'', t'' \in Q; \; w'' \in Z; \; p_u, p_u' \in Pu; \; p_i, p_i' \in (Pu \times Pu)$

$\forall r \in R_+; \exists r' \in R:$ $r = r'*r'$ for $r = 1$ $r' = \pm 1$ for $r = -1$: $r' = i$ $i*i = -1$ **I – IMAGINARY NUMBER** $i*i = i*(-i) = -1 : i = -i$ $(r'*r' = r'^2)$	$r' = \{\pm\} + 2^{(n''/2)} * 3^{(m''/2)} * 5^{(s''/2)} * 7^{(t''/2)} * p_u^{(a''/2)} * p_u'^{(b''/2)} * p_i^{(c''/2)} * p_i'^{(d''/2)} * 10^{(w''/2)}$ $a'', b'', c'', d'', n'', m'', s'', t'' \in Q; w'' \in Z; p_u, p_u' \in Pu; p_i, p_i' \in (Pu \times Pu)$
C - Complex Numbers $C = (R + (\{I\} \times R))$	$C = (R + (\{i\} \times R))$ $\{\pm\} + (2^n * 3^m * 5^s * 7^t * p_u^a * p_u'^b * p_i^c * p_i'^d * 10^w) +$ $+ i*(2^{n'} * 3^{m'} * 5^{s'} * 7^{t'} * p_u''^{a'} * p_u'''^{b'} * p_i''^{c'} * p_i'''^{d'} * 10^{w'})$ $a, b, c, d, n, m, s, t, a', b', c' d', n', m', t', s' \in Q; w, w' \in Z$ $p_u, p_u', p_u'', p_u''' \in Pu; p_i, p_i', p_i'', p_i''' \in (Pu \times Pu)$

Non Quantifiable Numbers:

$$nq = \{\pm\} + 2^{n''} * 3^{m''} * 5^{s''} * 7^{t''} * p_u^{a''} * p_u'^{b''} * p_i^{c''} * p_i'^{d''} * 10^{w''}$$

$a'', b'', c'', d'', n'', m'', s'', t'' \in Q; \exists (a'', b'', n'', m'', s'', t'') \in (Q - Z);$

$w'' \in Z;\ p_u, p_u' \in Pu;\ p_i, p_i' \in (Pu \times Pu)$

$$nq = \{\pm\} + 2^{n''} * 3^{m''} * 5^{s''} * 7^{t''} * p_u^{a''} * p_u'^{b''} * p_i^{c''} * p_i'^{d''} * 10^{w''};\ \exists (a'', b'', n'', m'', s'', t'') \in (Q - Z):$$

$\forall nq;\ \exists a''$ or/and b'' or/and n'' or/and m'' or/and s'' or/and $t'' = w \pm 1/p;$

$w \in Z;\ p \in P$

Non Quantifiable Numbers:	$p^{1/p} \in (p^{1/p}\ ;\ p^{1/2}> = (1\ ;\ p^{1/2}>$	$p^{-1/p} \in ((p^{1/p})/p)\ ;\ (p^{1/2})/2> = (0\ ;\ \tfrac{1}{2}p^{1/2}>$
$2^{\pm 1/p}$	$2^{1/p} \in (1\ ;\ 2^{1/2}]$	$2^{-1/p} \in (0\ ;\ \tfrac{1}{2}*2^{1/2}]$
$3^{\pm 1/p}$	$3^{1/p} \in (1\ ;\ 3^{1/2}]$	$3^{-1/p} \in (0\ ;\ \tfrac{1}{2}*3^{1/2}]$
$5^{\pm 1/p}$	$5^{1/p} \in (1\ ;\ 5^{1/2}]$	$5^{-1/p} \in (0\ ;\ \tfrac{1}{2}*5^{1/2}]$
$7^{\pm 1/p}$	$7^{1/p} \in (1\ ;\ 7^{1/2}]$	$7^{-1/p} \in (0\ ;\ \tfrac{1}{2}*7^{1/2}]$
$p_u^{\pm 1/p}$	$p_u^{1/p} \in (1\ ;\ p_u^{1/2}]$	$p_u^{-1/p} \in (0\ ;\ \tfrac{1}{2}*p_u^{1/2}]$
$p_i^{\pm 1/p}$	$p_i^{1/p} \in (1\ ;\ p_i^{1/2}]$	$p_i^{-1/p} \in (0\ ;\ \tfrac{1}{2}*p_i^{1/2}]$

NUMBERS

$$\forall p \in (\{2, 3, 5, 7\} \cup Pu \cup (Pu \times Pu) - \{1\}); \forall p' \in P: p^{1/p'} = a \,;\, a^{p'} = p$$

$$\forall p \in (\{2, 3, 5, 7\} \cup Pu \cup (Pu \times Pu) - \{1\}); \forall p' \in P: p^{-1/p'} = 1/a \,;\, a^{p'} = p$$

Let $p = 5 + 6n'$; $n' \neq 5k$, $n' \neq 7k + 5$; $k \in N$

$$p^{\frac{1}{p'}} = (5 + 6n')^{\frac{1}{p'}} = (3(2n' + 2) - 1)^{\frac{1}{p'}}$$

Let $p = 7 + 6m'$; $m' \neq 7k$, $m' \neq 5k + 3$; $k \in (N \cup \{0\})$

$$p^{\frac{1}{p'}} = (7 + 6m')^{\frac{1}{p'}} = (3(2m' + 2) + 1)^{\frac{1}{p'}}$$

Because:

$\{(2n' + 2) \,;\, (2m' + 2); n' \neq 5k \,;\, n' \neq 7k + 5 \,;\, k \in N; m' \neq 7k \,;\, m' \neq 5k + 3 \,;\, k \in (N \cup \{0\})\} = N2$

Then:

$\forall p \in (Pu \cup (Pu \times Pu) - \{1\}); \forall p' \in P: p^{1/p'} = (3*\{2\} \pm 1)^{1/p'}$

For $p \in \{2, 3, 5, 7\}$: $p^{1/p'} = \{(2)^{1/p} \,;\, (2 + 1)^{1/p'} \,;\, (3*2 - 1)^{1/p'} \,;\, (3*2 + 1)^{1/p'}\}$

where: $\{2\}$ – N2 - Set Representative Number

because:

$(3*\{2\} + 1)*(3*\{2\} - 1) = (9*\{2\} - 1)$

then:

most important Non Quantifiable Numbers are: $2^{1/p}$ and $3^{1/p} = (2 + 1)^{1/p'}$

$2^{\pm 1/p}$	$2^{1/p} \in (1 \,;\, 2^{1/2}]$	$2^{-1/p} \in (0 \,;\, \frac{1}{2}*2^{1/2}]$
$3^{\pm 1/p} = (2 + 1)^{\pm 1/p}$	$3^{1/p} \in (1 \,;\, 3^{1/2}]$	$3^{-1/p} \in (0 \,;\, \frac{1}{2}*3^{1/2}]$

Because :

$$(2 + 1)^{1/p} = 2^{1/p}(1 + \tfrac{1}{2})^{1/p}$$

Then:

$\{2^{1/p}\}$ is the Set Representative Number of Non Quantifiable Numbers

$\{p^{1/2}\}$ - geometrically it is the length of the side of the square with the surface p

$\{p^{1/3}\}$ - geometrically it is the length of the side of a cube with a volume p

The Non Quantifiable Numbers and Set Representative Number $\{2^{1/p}\}$

$$2^{1/p} = (1+1)^{1/p} = a \leftrightarrow a^p = 2$$

$$2^{1/2} = (1+1)^{1/2} = (\tfrac{1}{2} + \tfrac{3}{2})^{1/2} = \cdots = \left(\tfrac{1}{n} + \tfrac{(2n-1)}{n}\right)^{1/2} ; n \in N2$$

for n → ∞ :

$$2^{1/2} = 2 - \sum_{2}^{\infty} \frac{1}{n} \; ; \quad n \in 2N$$

$$3^{1/p} = (1+2)^{1/p} = b \leftrightarrow b^p = 3$$

$$3^{1/2} = (1+2)^{1/2} = (\tfrac{1}{3} + \tfrac{8}{3})^{1/2} = \cdots = \left(\tfrac{1}{m} + \tfrac{(3m-1)}{m}\right)^{1/2} ; m \in (\{2\} \times N3)$$

xxx

for n → ∞ :

$$3^{1/2} = 3 - \sum_{3}^{\infty} \frac{1}{n} \; ; \quad n \in 3N$$

$$5^{1/2} = (1+4)^{1/2} = \left(\frac{1}{5} + \frac{24}{5}\right)^{1/2} = \cdots = \left(\frac{1}{m} + \frac{(5m-1)}{m}\right)^{1/2} ; m \in (\{2\} \times N5)$$

for n → ∞ :

$$5^{1/2} = 5 - \sum_{5}^{\infty} \frac{1}{n} \; ; \quad n \in 5N$$

Because:

$$\forall p, p' \in P : \; p^{\frac{1}{p'}} * p^{-\frac{1}{p'}} = 1$$

then:

$$p^{\frac{1}{p'}} * p^{-\frac{1}{p'}} - 1 = 0$$

And then:

$$\left[p^{\frac{1}{p'}} - 1\right] - don't\ exist\ as\ a\ separate\ Number$$

THEOREM 2:

The length of a circle with a radius of 1 is: $2([2^{1/2} - 1] + [3^{1/2} - 1] + 2\_) = 2\pi$

$$\pi = ([\sqrt{2} - 1] + [\sqrt{3} - 1] + 2\_)$$

$$\pi \approx \sqrt{2} + \sqrt{3}$$

Proof:

$\{2^{1/2}\}$ - geometrically this is the diameter (2r) of the circle described on the square with the side equal to: a = {1}, it is also the diagonal of this square.

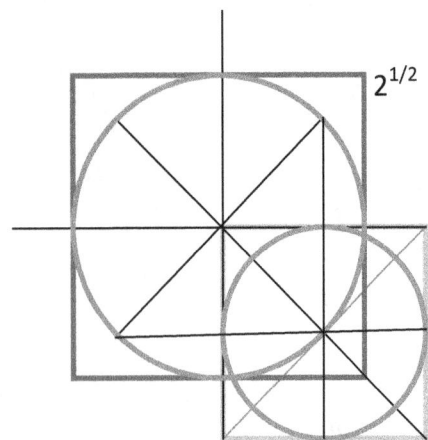

$2^{1/2}$

1

a – side of smaller square: $a = 1$

d – diagonal of smaller square: $d = \sqrt{2}$

b – side of bigger square: $b = \sqrt{2}$

d' – diagonal of bigger square: $d' = 2$

r – radius of smaller circle: $r = \frac{1}{2}$

r' – radius of bigger circle: $r' = \frac{\sqrt{2}}{2}$

maximal distance between smaller circle and smaller square:

$$D_{max} = d - 2r = [\sqrt{2} - 1]$$

maximal distance between bigger square and bigger circle:

$$D_{max} = 2r' - d' = [|\sqrt{2} - 2|]$$

{$3^{1/2}$} - geometrically this is the diameter (2r) of the circle described on the square with the side equal to: a" = {3/2}, it is also the diagonal of this square.

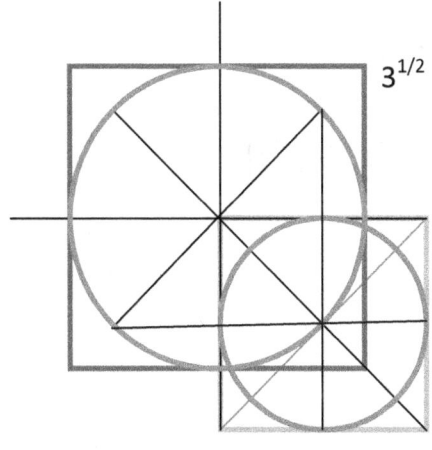

$3^{1/2}$

3/2

a" – side of smaller square: $a'' = \dfrac{3}{2}$

d – diagonal of smaller square: $d'' = \sqrt{3}$

b" – side of bigger square: $b'' = \sqrt{3}$

d' - diagonal of bigger square: $d' = 3$

r – radius of smaller circle: $r = \dfrac{3}{4}$

r' - radius of bigger circle: $r' = \frac{\sqrt{3}}{2}$

maximal distance between smaller circle and smaller square:

$$D'_{max} = d - 2r = [\sqrt{3} - \frac{3}{2}]$$

maximal distance between bigger square and bigger circle:

$$D'_{max} = 2r' - d' = [|\sqrt{3} - 3|]$$

$$\frac{1}{2}\sum D = \frac{1}{2}\left([\sqrt{2} - 1] + [|\sqrt{2} - 2|] + \left[\sqrt{3} - \frac{3}{2}\right] + [|\sqrt{3} - 3|]\right) =$$

$$= ([\sqrt{2} - 1] + [\sqrt{3} - 1]) + \frac{5}{4}$$

$$for\ each\ a, b > 1;\ a, b \to \infty;\ a, b \in Q:$$

$$\sum_{a,b>1}^{\infty} \frac{D}{2} = [\lim\left(\frac{n}{m}\right) \to 2_-] + [\sqrt{2} - 1] + [\sqrt{3} - 1] = \pi$$

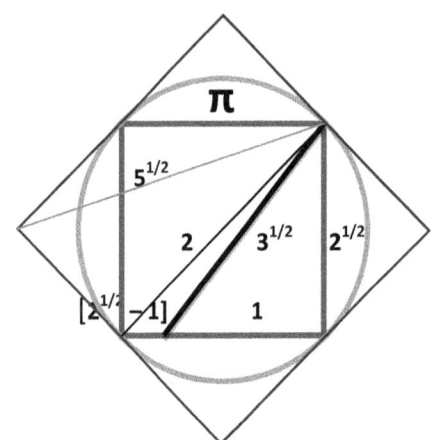

Diagonal = 2

Circle length = 2π

Circle area = π

Side of square = $2^{1/2}$

Summary of Number Theory

THERE ARE ORIGIN NUMBERS:

1, 2, 3, 5

THERE ARE NUMBERS:

$$\{+, -, i\} * 2^n * 3^m * 5^s * 7^t * p_u * p_i \pm \{0, 1\}$$

$n, m, s, t \in \{\{0\} \cup N \cup Z \cup R\}$; $p_u, p_i \in (P_u \cup (P_u \times P_u))$

Numbers :

Number	Algebraic form of numbers set	Origin Numbers form	Sets
1 $2^0*3^0*5^0*0*1*1$	$1*n$	$\{1\}$	$\{1\}*N$
2 $2^1*3^0*5^0*7^0*1*1$	$2*n$	$\{1\} + \{1\} = \{2\}$	$\{2\}*2N$ N2 ; n > 2
3 $2^0*3^1*5^0*7^0*1*1$	$3*n$	$\{1\} + \{2\}$	$\{3\}*N$ N3; n > 3
4 $2^2*3^0*5^0*7^0*1*1$	$4*n = 2*2*n$	$\{2\} + \{2\}$	$\{2^2\}*N$ 2N2; n >2
5 $2^0*3^0*5^1*7^0*1*1$	$5*n$	$\{2\} + \{3\}$	$\{5\}*N$ N5; n>5
6 $2^1*3^1*5^0*7^0*1*1$	$6*n = 2*3*n$	$\{2*3\}$	$\{2*3\}*N$

7 $2^0*3^0*5^0*7^1*1*1$	6*n + 1	{1} + {2*3}	7N = {2*3}*N + {1}
8 $2^3*3^0*5^0*7^0*1*1$	6*n + 2	{2} + {2*3}	{2^3}*N
9 $2^0*3^2*5^0*7^0*1*1$	6*n + 3	{3} + {2*3}	{3^2}*N 3N3; n > 9
10 $2^2*3^0*5^0*7^0*1*1$	6*n + 4	{2}*{5}	10N = {2*5}*N
11 $2^0*3^0*5^0*7^0*11*1$	6*n + 5	{5} + {2*3}	6N + {5} = = 6(N + {1}) − {1} n ≠ 5, n ≠ 7k + 5; k ∈ N (PU ∪ (PU X PU))₁₁
12 $2^2*3^1*5^0*7^0*1*1$	6*n + 6	{2*3} + {2*3}	12N = {2*3}*{2}*N
13 $2^0*3^0*5^0*7^0*13*1$	6*n + 7	{2} + {5} + {2*3}	6(N + {1}) + {1} n ≠ 7, n ≠ 5k + 3; k ∈ N (PU ∪ (PU X PU))₁₃

All Numbers must exist to count Number π;

to find:

number: (2/p) ; p ∈ P
Area of square equal 2, divided by any p ∈ P

number: (π/p) ; p ∈ P
Area of circle equal π, divided by any p ∈ P

$$[\pi - 2] = [area\ of\ circle - area\ of\ square]$$

Origin Divisors:

$\{2\}, \{3\}, \{5\}, \{7\}, (\{2*3\} + 5), (\{2*3\} + 7)$

Primary Sets:

$N = (6(N \pm \{0,1\}) \pm \{0, 1, 2, 3, 4, 5\})$

$N2 = \{1/2\}*N = \{2\}*N + \{2\}$

$N3 = \{1/3\}*N = \{2*3\}*N + \{3\}$

$N5 = \{1/5\}*N = \{2*5\}*N + \{3*5\}$

$N7 = \{1/7\}*N = \{2*7\}*N + \{5*7\}$

$(PU \cup (PU \times PU)) = \{2*3\}*(N + \{1\}) \pm \{1\}$

Secondary Sets:

$\{1/_{(2*2)}\}*N = N4$

$\{1/_{(3*3)}\}*N = N9$

$\{1/_{(5*5)}\}*N = N25$

$\{1/_{(7*7)}\}*N = N49$

$\{1/_{(2*3)}\}*N = N6, \{1/_{(2*5)}\}*N = N10, \{1/_{(2*7)}\}*N = N14,$

$\{1/_{(3*5)}\}*N = N15, \{1/_{(3*7)}\}*N = N21,$

$\{1/(5*7)\}*N = N35,$

$\{1/(2*3*5)\}*N = N30, \{1/(2*3*7)\}*N = N42, \{1/(2*5*7)\}*N = N70,$

$\{1/(3*5*7)\}*N = N105,$

$\{1/(2*3*5*7)\}*(PU \cup (PU \times PU)) = N210$